AF454695

Extrait de l'ADANSONIA, RECUEIL D'OBSERVATIONS BOTANIQUES,

Livraison de Juin 1862.

OBSERVATIONS

sur

LES GENRES OXERA LABILL.

ET AMETHYSTEA LIN.

LEUR ORGANISATION COMPARÉE A CELLE DU *CLERODENDRON* LIN.

Par M. H. BOCQUILLON,

Docteur ès sciences.

Les botanistes ont beaucoup discuté sur la place qui convient au genre *Oxera* dans la classification dite *naturelle*. Labillardière, qui le premier a décrit ce genre (1), hésite à le placer soit parmi les Bignoniacées, soit parmi les Verbénacées; Sprengel en fait une Bignoniacée sous le nom d'*Oncoma* (2); Endlicher (3), Meisner (4) le rangent avec doute dans cette même famille; E. Fenzl le regardait d'abord (5) comme une Scrophularinée, il en a fait depuis (6) une Verbénacée. C'est aussi une Verbénacée pour MM. Bentham (7), Walpers (8), Alph. De Candolle (9) et Schauer (10),

(1) Labillardière, *Sertum Austro-Caledonicæ*, p. 23, tab. 28 (1814).

(2) Sprengel, *Curæ posteriores in systema veget.*, vol. IV, p. 11 et 18 (1817).

(3) Endlicher, *Genera plantarum*, n° 4133 (1836-1840).

(4) Meisner, *Plantarum vascularium genera*, t. I, p. 299 (1836-1843).

(5) E. Fenzl, *Denkschriften der Königlich-Bayerischen botanischen-gesellschaft zu Regensburg*, t. III, p. 250 (1841).

(6) E. Fenzl, *Ueber die Stellung der Gattung Oxera in natürlichen Systeme* (1847).

(7) Bentham, in *De Candolle Prodromus*, etc., t. X, p. 586 (1846).

(8) Walpers, *Repertorium botanices systematicæ*, t. VI, p. 655 (1846-47).

(9) Alph. de Candolle, in *De Candolle Prodromus*, etc., t. IX, p. 143 (1845).

(10) Schauer, in *De Candolle Prodr.*, t. XI, p. 676.

mais M. Lindley en fait une Labiée (1). M. Vieillard qui, dans
son intéressant mémoire (2), a enrichi le genre *Oxera* de neuf
espèces nouvelles, place aussi cette plante parmi les Verbénacées.

Ces hésitations, ces opinions contraires ont deux origines : la
première, c'est la connaissance incomplète de la plante; la
seconde, c'est la connaissance incomplète des familles dans les-
quelles on l'a successivement placée.

Examinons, en effet, sur quels caractères chacun de ces auteurs
fait reposer son opinion.

Labillardière décrit l'ovaire de l'*Oxera* : *Germen superum,
quadrilobum, lobis ovatis, disco glanduloso carnoso impositum,
ovulis numerosis, ovatis, striatis receptaculo libero, in lobo
quovis centrali affixis...*, et sa figure 4 représente, en effet,
une coupe de l'ovaire où l'on voit deux gros placentas chargés
d'ovules. Avec une pareille caractéristique, il est impossible de
ranger l'*Oxera* parmi les Verbénacées ; aussi Sprengel, Meisner
et Endlicher, qui avaient adopté à peu près la même description,
s'étaient-ils montrés plus logiques en le plaçant parmi les Bignoniacées. Leur opinion doit être cependant complétement rejetée,
puisqu'elle repose sur une erreur de faits. Il est évident pour
nous que, s'ils ont analysé la plante, ils ont pris les rides du placenta pour des ovules; car, dans chaque lobe de l'ovaire, il
n'existe jamais qu'un seul ovule enchâssé dans une lamelle du
placenta pariétal primitif, placenta d'abord gorgé de sucs, mais qui
se ride dans la fleur adulte. Or, il n'existe aucune Bignoniacée
dont l'ovaire ait une semblable organisation, et pour ne citer qu'un
des caractères signalés par M. Bureau, nous dirons qu'elles ont
toutes un ovaire à deux loges pluriovulées, ce qui, comme nous
venons de le voir, n'est pas le fait de l'*Oxera*.

Dans son premier et long mémoire, E. Fenzl reconnait bien
certaines différences entre l'organisation de l'ovaire de l'*Oxera*
et celle de l'ovaire des Scrophularinées, mais il ne regarde

(1) Lindley, *The vegetable Kingdom*, édit. II, p. 662 (1847).
(2) Vieillard, *Bulletin de la Société linnéenne de Normandie*, 1862.

pas moins ce genre comme faisant partie du grand groupe dont il trace les principaux caractères. Pour lui, l'*Oxera* est une Scrophularinée :

1° A cause de son type quatre qui n'est pas rare dans cette famille ;

2° Parce que son calice est profondément divisé, parce que la corolle est irrégulière et que sa forme rappelle celle de la plupart des Digitales ;

3° Parce que la moitié des étamines est stérile, parce que les étamines fécondes s'insèrent plus profondément, se prolongent et montent comme celles de certaines Scrophularinées le long de la partie antérieure de la corolle ;

4° Parce que le style est simple, le stigmate double, que les placentas sont doubles et chargés de nombreux et petits ovules ;

5° Parce que la forme de l'ovaire, l'insertion des placentas sont analogues à celles de plusieurs Véronicées et Rhinanthées, et de plusieurs autres genres rapprochés des Scrophularinées.

Il est facile de montrer que toutes ces considérations sont dépourvues de valeur, car :

1° S'il existe des Scrophularinées à type quatre, il existe aussi des Verbénacées sur ce même type. Nous citerons comme exemples l'*Ægiphila*, le *Callicarpa*, le *Petitia*, le *Scleroon*, le *Physopsis*, l'*Hymenopyramis*, le *Cornutia*, le *Lippia*, le *Lantana*, le *Premna* ; et d'ailleurs faut-il attacher une grande valeur au nombre des pièces du périanthe ? Si ce caractère est constant et par conséquent bon pour certains genres, il faut bien reconnaître qu'il est fugace et par conséquent de peu de valeur dans un grand nombre d'autres. Plusieurs fleurs d'*Oxera glandulosa* Vieill. nous ont montré cinq divisions à chacun des verticilles de leur périanthe, tout en conservant pour les organes de la reproduction une identité complète avec ceux des autres espèces.

2° Le calice est, il est vrai, profondément divisé dans l'*Oxera pulchella* Labill., mais les dents sont à peine sensibles dans celui de plusieurs autres espèces et notamment dans l'*O. robusta*

Vieill. Cette deuxième considération n'a donc pas plus de valeur que la première.

3° L'analogie qui existe entre l'androcée de l'*Oxera* et celui de quelques Scrophularinées existe aussi entre celui de quelques Verbénacées, telles que l'*Amethystea*, le *Peronema*, et celui d'un grand nombre de Labiées. Ici, nous ferons remarquer que les étamines ne montent pas le long de la paroi antérieure de la corolle de l'*Oxera*, mais le long de la paroi postérieure.

Nous ne discuterons pas les considérations 4 et 5 du mémoire ; comme elles reposent sur des erreurs, elles n'ont pu donner lieu qu'à une conclusion fausse. Nous devons reconnaître que Fenzl les a réfutées lui-même dans un second mémoire ; c'est là qu'il montre très bien que, par l'ovaire, l'*Oxera* est une Verbénacée.

Il ne sera pas inutile de remarquer la grande parenté que le périanthe et l'androcée établissent entre un assez bon nombre de plantes rangées dans les Gesnériacées, les Scrophularinées, les Verbénacées, les Labiées, les Bignoniacées, et assurément si nous voulons déterminer auquel de ces groupes appartient une plante donnée, nous serons obligé de pousser l'analyse plus loin qu'aux enveloppes florales et plus loin qu'à l'androcée, ce qui nous montre que les caractères distinctifs se trouvent dans le gynécée ; c'est, en effet, la partie de la plante dont l'organisation est la moins susceptible de varier.

D'après ce qui a été dit plus haut, il est clair que par son ovaire, l'*Oxera* n'appartient ni aux Bignoniacées, ni aux Scrophularinées. Au premier coup d'œil, on est porté à croire, avec M. Lindley, que ce genre de Labillardière est une Labiée, car le style a tout à fait l'apparence gynobasique. Mais dans un jeune bouton et même dans certaines fleurs adultes, l'ovaire a deux placentas pariétaux latéraux et biovulés, comme celui de l'*Ægiphila*, du *Callicarpa*, du *Clerodendron*, de l'*Amethystea*.

On conçoit combien il devient intéressant ici de suivre un à un les changements du gynécée. Comment se fait-il qu'une plante paraisse une Verbénacée quand elle est jeune, et une Labiée quand elle est adulte? Le changement est-il réel ou est-il apparent? La solution de ces questions est tout entière dans l'organogénie.

Suivons donc toutes les modifications de l'ovaire de l'*Oxera* (1), depuis sa formation jusqu'à son entier développement; examinons en même temps toutes celles qui surviennent dans l'ovaire d'une Verbénacée type, telle que le *Clerodendron*, et dans celui d'une Labiée, telle que le *Lamium*; de cette manière nous comprendrons mieux les analogies et les différences.

Le pistil apparaît dans les trois plantes au centre de la fleur, sous la forme de deux croissants se regardant par leur partie concave; ils s'allongent peu à peu, prennent la forme de feuilles, et se soudent par leurs bords contigus. En même temps, leur base se dispose en ovaire; leur partie supérieure s'effile et se termine par deux prolongements de taille et de forme variables. Par rapport à l'axe et à la bractée, l'un de ces croissants est antérieur, l'autre est postérieur. A l'endroit où leurs cornes se touchent (c'est-à-dire latéralement), apparaissent deux renflements qui s'épaississent et s'avancent à la rencontre l'un de l'autre, à mesure que les feuilles carpellaires grandissent. Ils portent bientôt chacun deux ovules. Deux fausses cloisons s'établissent sur le milieu des parois antérieure et postérieure de l'ovaire, et s'avancent vers son centre. Dans le *Lamium*, les placentas se comportent comme ceux des *Stachys recta*, *Lavandula densa*, etc. (2), et comme ceux du *Vitex* (3), ils se soudent au milieu de l'ovaire, et le partagent en deux loges biovulées; l'une est antérieure, l'autre est postérieure. Dans le *Clerodendron* et l'*Oxera*, les placentas continuent

---

(1) Il est un préjugé assez répandu et qu'il importe de détruire, c'est celui de croire qu'il est impossible de faire l'organogénie des fleurs d'herbier. Les difficultés sont souvent insurmontables, il est vrai, pour l'organogénie du périanthe, mais il n'en est pas de même en ce qui concerne le gynécée. Les riches envois qu'ont faits récemment au Muséum MM. Panchet, Vieillard et Deplanche nous ont fourni tous les matériaux nécessaires, car ces intelligents voyageurs avaient eu soin de récolter des rameaux de tous âges.

(2) J. Payer, *Traité d'organogénie comparée de la fleur*, p. 553, pl. CXIV.

(3) *Adansonia*, t. II, p. 101, pl. VI.

de grossir, mais ne se soudent pas, de sorte que l'ovaire reste
uniloculaire avec deux placentas pariétaux, latéraux, biovulés. Ces
placentas se bifurquent; l'une des branches se dirige vers la paroi
postérieure, l'autre vers la paroi antérieure; elles se révolutent,
s'épaississent et enchâssent plus ou moins l'ovule qu'elles portent à
leur extrémité. Dans le *Clerodendron*, ovules, tissu de l'ovaire,
placentas, tout grossit à peu près dans les mêmes proportions; les
quatre sillons qui s'établissent à la surface de l'ovaire sont plus ou
moins profonds, mais ils ne partagent jamais cet organe en quatre
lobes indépendants. Dans l'*Oxera*, il s'établit aussi quatre lobes,
mais chacun d'eux grandissant plus de bas en haut que latéralement, le sommet organique de l'ovaire reste près de sa base, et
les parois s'épaississant, le style devient gynobasique, au moins
pour le plus grand nombre des espèces. L'ovaire adulte se com-
pose de quatre lobes, et chacun d'eux contient une lamelle de placenta enchâssant l'ovule qu'elle porte. Dans le *Lamium*, les fausses
cloisons se soudent de bonne heure au centre de l'ovaire avec la
cloison transversale formée par les placentas. On a dès lors quatre
loges uniovulées, traduites à l'extérieur par quatre lobes qui grandissent à la manière de ceux de l'*Oxera*. Mais les placentas ne
grossissent pas, et chaque ovule, à l'époque de l'anthèse, apparaît
dressé au fond de la loge. On ne trouve nulle trace des placentas
pariétaux primitifs.

L'*Oxera* est donc, quant à son ovaire, une Labiée dans laquelle
les placentas pariétaux persistent dans l'intérieur des lobes.

Son fruit est, pour la forme, celui de la majorité des Labiées, et
pour la composition, celui du *Clerodendron*. Des quatre lobes de
l'ovaire, un ou deux seulement se développent et deviennent une
ou deux drupes. Chacune contient un seul noyau monosperme.
Ce noyau est incomplet et formé par le tissu induré de la lame
placentaire, comme dans le fruit du *Clerodendron* (1). Si l'on passe
en revue les fruits des différentes espèces de *Clerodendron* et ceux

____

(1) *Adansonia*, t. II, p. 147.

des différentes espèces d'*Oxera*, on trouvera une identité presque complète. Si la drupe est entière dans le *Clerodendron calamitosum*, elle est profondément quadrilobée dans le *C. hastatum*, et rappelle celle de l'*Oxera pulchella*.

Que conclure des faits que nous venons d'établir? C'est que l'*Oxera* est un terme intermédiaire entre les Verbénacées et les Labiées; c'est que ces deux familles peuvent être considérées comme formant un groupe à mêmes affinités. Nous avons montré ailleurs (1) comment les Verbénacées se rapprochaient des Desfontainées, des Gentianées, des Hydrophyllées, des Ehrétiées et des Cordiacées par leurs fleurs régulières; comment elles se rapprochaient des Labiées, des Gesnériacées et des Myoporinées par leurs fleurs irrégulières. Toutes ces familles forment un vaste ensemble dont les différents termes nous paraîtront de moins en moins dissemblables, à mesure que nous les étudierons davantage.

OXERA *Labill.*

Calyx gamophyllus 4–5-partitus, laciniis in æstivatione valvatis æqualibus. Corolla hypogyna ventricosa tubulosa infundibuliformisve (2); tubo sæpe recurviusculo; limbo obliquo 4-5-partito, lobis inæqualibus cum lobis calycis alternantibus, antico majore, postico unico posticisve duobus minutis; præfloratione cochleata Stamina 4 calycis dentibus opposita didynamia, duo antica profunde inserta fertilia, duo postica sterilia : filamenta basi incrassata, fertilia exserta aut subexserta, sterilia inclusa; antheræ bilo-

(1) *Adansonia*, t. II, p. 159.

(2) « La corolle est tellement polymorphe qu'elle a pu servir à M. Vieillard pour partager le genre *Oxera* en trois sections :

La première est composée des *Oxera* à corolle campanulée, ventrue, à gorge dilatée et à étamines exsertes;

La seconde, qui ne comprend qu'une espèce, l'*Oxera Morieri*, est caractérisée par sa corolle campanulée et ses étamines subexsertes;

Enfin, la troisième comprend tous les *Oxera* à corolle tubuleuse, à gorge dilatée et à limbe subbilabié. » (Vieillard.)

culares, loculis parallelis introrsis longitudine dehiscentibus. Germen disco carnoso sublobato impositum profunde quadrilobum, lobis parallelis vel divaricatis e basi sæpe liberis ovatis obtusissimis uniovulatis; stylo inter germinis lobos transiente filiformi declinato exserto, apice bifido, lacinia altera antica, altera postica. Ovulum lamellæ parietali revolutæ affixum ascendens hemitropum, chalaza superiore, micropyle inferiore. Fructus drupaceus calyce persistente basi munitus. Drupa 1-2 (reliquis abortivis), epicarpio glaberrimo, mesocarpio carnoso, endocarpio duro lignoso monopyreno, pyrenis incompletis monospermis. Semen adscendens exalbuminosum. Embryo rectus, cotyledonibus ellipticis æqualibus, radicula infera.

Frutices Neo-caledonici sæpius scandentes, foliis oppositis subalternisve. Flores cymosi axillares terminalesve.

Le genre *Amethystea* est rangé parmi les Labiées par tous les auteurs. M. Bentham le place dans sa tribu XI des Ajugoïdées (1). Cependant, lorsqu'on fait avec soin l'analyse de la fleur adulte, on voit que l'ovaire est loin de présenter les caractères qu'on rencontre ordinairement dans les Labiées, telles qu'on les comprend aujourd'hui. La surface de cet ovaire est parcourue par quatre sillons peu profonds et longitudinaux qui se croisent au sommet. A l'intérieur, on ne trouve qu'une loge, et sur les parois latérales sont deux placentas pariétaux biovulés. Ces placentas prennent la forme d'un ⊨ couché, dont le corps serait incomplétement partagé en deux portions légèrement divergentes. Deux fausses cloisons s'avancent des parois antérieure et postérieure de l'ovaire vers le centre, entre les placentas et sans se souder avec eux. L'ovule est attaché à l'extrémité de chaque branche du T, dressé, semi-anatrope, à raphé placé contre le placenta, à chalaze supérieure, à micropyle inférieur. En un mot c'est l'ovaire, ce sont

(1) Bentham, *Labiatarum genera et species*, p. 657 (1832-1836).

les ovules du *Clerodendron*, du *Callicarpa*, du *Bruckea*, etc.,
toutes plantes de la famille des Verbénacées. Le style n'est pas
gynobasique, et il se termine par deux divisions stigmatifères
inégales; l'antérieure, qui est recourbée en avant, est la plus
grande. Le fruit tient d'une part de la nature de celui des *Clerodendron*, des *Callicarpa*, etc., et d'autre part, de celui de la Verveine.
Comme dans les premiers, il renferme quatre noyaux incomplets.
Ces noyaux sont formés sur le dos par l'endocarpe et sur les côtés
par la lame placentaire dédoublée. La fausse cloison dédoublée
aussi et durcie circonscrit le noyau, mais ne se soude pas à la
lame placentaire qu'elle rencontre; de sorte qu'il existe presque
toujours une fente longitudinale qui les sépare et établit commu-
nication entre l'extérieur et l'intérieur du noyau. Mais le mésocarpe
diffère notablement de celui des fruits des *Clerodendron* et des
Callicarpa. Au lieu d'être charnu, il devient très mince, et est
absolument identique avec celui du fruit de la Verveine. Aussi,
comme dans ce dernier, lorsque arrive la maturité, l'épicarpe et
le mésocarpe se rompent sur le parcours des sillons, et les quatre
noyaux devenus indépendants se détachent.

Si donc on veut considérer les Verbénacées et les Labiées
comme deux familles distinctes, le genre *Amethystea* devra être
retranché de celle-ci pour être reportée dans celle-là. Veut-on, au
contraire, considérer ces deux familles comme sections d'un
même groupe, le nom ne fera rien à la chose, mais il faudra
placer l'*Amethystea* près des *Clerodendron* et non près des *Lamium*.

AMETHYSTEA *Lin.*

Calyx campanulatus 5-partitus, laciniis in æstivatione valvatis
subæqualibus. Corolla hypogyna irregularis; tubo calyce breviore,
limbo obliquo bilabiato 5-partito; lobis inæqualibus cum dentibus
calycis alternantibus, antico majore, posterioribus minimis; labio
superiore bifido, inferiore trilobato; præfloratione cochleata.
Stamina 4 calycis dentibus anticis lateralibusque opposita tubo

corollæ inserta, duo antica fertilia, altera sterilia ; filamentis anticis subexsertis in præfloratione recurvis, posticis brevibus ; antheris bilocularibus introrsis longitudine dehiscentibus. Germen leviter quadrilobum uniloculare ; placentis parietalibus 2 biovulatis ; dissepimentis spuriis incompletis duobus antico et postico inter spermophorum utrumque prominulis ; stylo subexserto in præfloratione recurvato ; apice bifido stigmatoso, lacinia antica majore recurvata, altera postica minima. Ovulum lamellæ parietali revolutæ affixum ascendens hemitropum, chalaza superiore, micropyle inferiore. Drupa siccata calyce aucto basi munita 4-pyrena matura secedens in coccos 4, pyrenis incompletis monospermis. Semen ascendens exalbuminosum. Embryo rectus, cotyledonibus ellipticis, radicula infera.

Herbæ sibericæ, ramis tetragonis, foliis oppositis. Flores cymosi terminales.

EXPLICATION DE LA PLANCHE VIII.

L'ovaire de l'*Amethystea* et de l'*Oxera* se développant, pour les parties essentielles, comme celui du *Clerodendron*, nous donnons ici l'organogénie de cette dernière plante ; elle caractérise toute une série de Verbénacées dont le *Clerodendron* peut être regardé comme le type.

CLERODENDRON *L.*

CLERODENDRON VILLOSUM *Bl.*, fig. 1-25.

FIG. 1. Bractée *bm*, à l'aisselle de laquelle on voit le réceptacle floral *rec*, accompagné de ses deux bractées latérales *bl*.

FIG. 2. Réceptable floral vu du côté de l'axe, accompagné de deux bractées latérales *bl*. Sur le pourtour du réceptacle apparaissent les sépales dans l'ordre quinconcial. *sa*, sépales antérieurs ; *sp*, sépale postérieur ; *sl*, l'un des sépales latéraux.

FIG. 3. Réceptable floral vu de même après la naissance du calice. Les sépales sont réunis à la base pour former un calice gamosépale. *sa*, sépales antérieurs ; *sl*, sépale latéral ; *sp*, sépale postérieur. Les poils commencent à se montrer sur les pétales plus âgés.

Fig. 4. Les sépales ont été abaissés pour laisser voir l'apparition de la corolle. Elle naît d'avant en arrière. *pa*, pétale antérieur ; *pl*, pétale latéral ; *pp*, pétale postérieur.

Fig. 5. Fleur plus âgée dans laquelle les pétales sont désignés par les mêmes lettres que dans la figure précédente. L'androcée se développe d'avant en arrière. *ea*, étamine antérieure ; *el*, étamine latérale. Il n'y a pas d'étamine postérieure.

Fig. 6. Fleur plus âgée que la précédente. Le sommet des divisions du calice est coupé. Sur le sommet du réceptacle, se montrent les feuilles carpellaires. Elles déterminent à leur aisselle la cavité ovarienne *cav*. Entre leurs bords, le réceptacle se gonfle en *pl, pl*, pour former les placentas. *fca*, feuille carpellaire antérieure ; *fcp*, feuille carpellaire postérieure.

Fig. 7. Toutes les parties de la fleur ont grandi. Les feuilles carpellaires, en se réunissant par leurs bases latérales, ont circonscrit la cavité de l'ovaire. *fca*, feuille carpellaire antérieure ; *fcp*, feuille carpellaire postérieure.

Fig. 8. Le calice a été enlevé. Les pétales se sont constituées en corolle gamopétale et commencent à s'agencer en préfloraison cochléaire. *pa*, pétale antérieur ; *pl*, pétale latéral ; *pp*, pétale postérieur.

Fig. 9. Face antérieure d'un mamelon staminal sur laquelle apparaît un sillon médian qui la partagera en deux loges.

Fig. 10. Jeune étamine dans laquelle le filet n'est pas encore formé. L'anthère est partagée en deux lobes sur la face desquels apparaissent en *s* les sillons de déhiscence des loges.

Fig. 11. Étamine d'une fleur en bouton. Le filet a été coupé en *sec*.

Fig. 12. Jeune ovaire détaché de la fleur ; *fca*, feuille carpellaire antérieure ; *fcp*, feuille carpellaire postérieure ; *pl*, placenta.

Fig. 13. Ovaire plus âgé. Les feuilles carpellaires, antérieure *fca* et postérieure *fcp* sont plus développées.

Fig. 14. Le même, coupé verticalement d'avant en arrière pour montrer l'intérieur. *fca*, section de la feuille carpellaire antérieure ; *fcp*, section de la feuille carpellaire postérieure ; *pl*, placenta.

Fig. 15. Les feuilles carpellaires *fca, fcp* se rapprochent par leurs bords de bas en haut, et augmentent à leur base la cavité de l'ovaire.

Fig. 16. Coupe verticale, d'avant en arrière, de l'ovaire de la figure 15. *fca, fcp*, sections des feuilles carpellaires. Le placenta est adossé sur leurs bords soudés, il s'élève avec elles, et se partage en deux parties *pla, plp*.

Fig. 17. Ovaire auquel une partie de la paroi postérieure a été enlevée pour montrer les renflements des placentas *pl*. *fca, fcp*, feuilles carpellaires.

Fig. 18. Ovaire plus âgé qui a subi la même opération. De chaque lobe des placentas *pl*, point un ovule qui n'est encore qu'un nucelle *nuc*.

Fig. 19. Les extrémités soudées des feuilles carpellaires, *fca, fcp* s'allongent pour former le style.

Fig. 20. La paroi postérieure de l'ovaire a été enlevée en partie pour laisser voir les placentas *pl* et les ovules *ov* qui se revêtent de leur primine et exécutent le mouvement d'anatropie. On voit que les feuilles carpellaires ne se soudent que par leurs bords, et que le style est creusé dans son axe.

Fig. 21. Coupe horizontale d'un ovaire de l'âge de celui représenté dans la figure précédente. Des fausses cloisons *fca*, *fcp*, s'avancent des parois antérieure et postérieure de l'ovaire. *pl*, placenta ; *ov*, ovule.

Fig. 22. Ovaire auquel on a fait subir la mutilation représentée dans la figure 16. Un sillon profond *s* sépare les deux lobes gonflés *pl*, *pl* du placenta.

Fig. 23. Une portion de la paroi postérieure de l'ovaire a été enlevée pour montrer les placentas gonflés *pl* qui enchâssent les ovules *ov*.

Fig. 24. Placenta détaché de l'ovaire. Il était adhérent à l'ovaire de *a* en *a*. Les placentas révolutés enchâssent l'ovule ; *h*, niveau du hile.

Fig. 25. Coupe verticale antéro-postérieure d'une jeune fleur : *pa*, section de la division antérieure de la corolle ; *pp*, l'une des divisions postérieures.

Fig. 26. Fleur adulte très réduite de *Clerodendron hastatum* Wall.

Fig. 27. Partie inférieure de la fleur coupée verticalement d'avant en arrière.

Fig. 28. Partie supérieure de la même fleur pour montrer l'insertion des étamines ; *pa*, section du pétale antérieur.

Fig. 29. Jeune corolle de *Clerodendron paniculatum* Linn., dont les divisions ont été écartées pour faire voir la préfloraison de l'androcée et du style.

Fig. 30. Diagramme de la fleur.

Fig. 31. Fruit du *Clerodendron villosum* vu par sa face postérieure.

Fig. 32. Coupe longitudinale et médiane d'un lobe du fruit. *més*, mésocarpe ; *end*, endocarpe ; *pld*, placenta durci formant une partie du noyau ; *teg* téguments de la graine ; *emb*, embryon.

Paris. — Imprimerie de L. MARTINET, rue Mignon, 2

www.ingramcontent.com/pod-product-compliance
Lightning Source LLC
LaVergne TN
LVHW011934170726
843501LV00011BA/4396